AF338698

MATÉRIAUX

POUR LA

CARTE GÉOLOGIQUE

DE L'ALGÉRIE

MM. POMEL ET POUYANNE, Directeurs

1ʳᵉ SÉRIE

PALÉONTOLOGIE. — MONOGRAPHIES

N° 3

FOSSILES MIOCÈNES (1ʳᵉ PARTIE)

PAR

A. BRIVES

DOCTEUR ÈS SCIENCES

ALGER
IMPRIMERIE P. FONTANA & Cⁱᵉ, RUE D'ORLÉANS, 29

1897

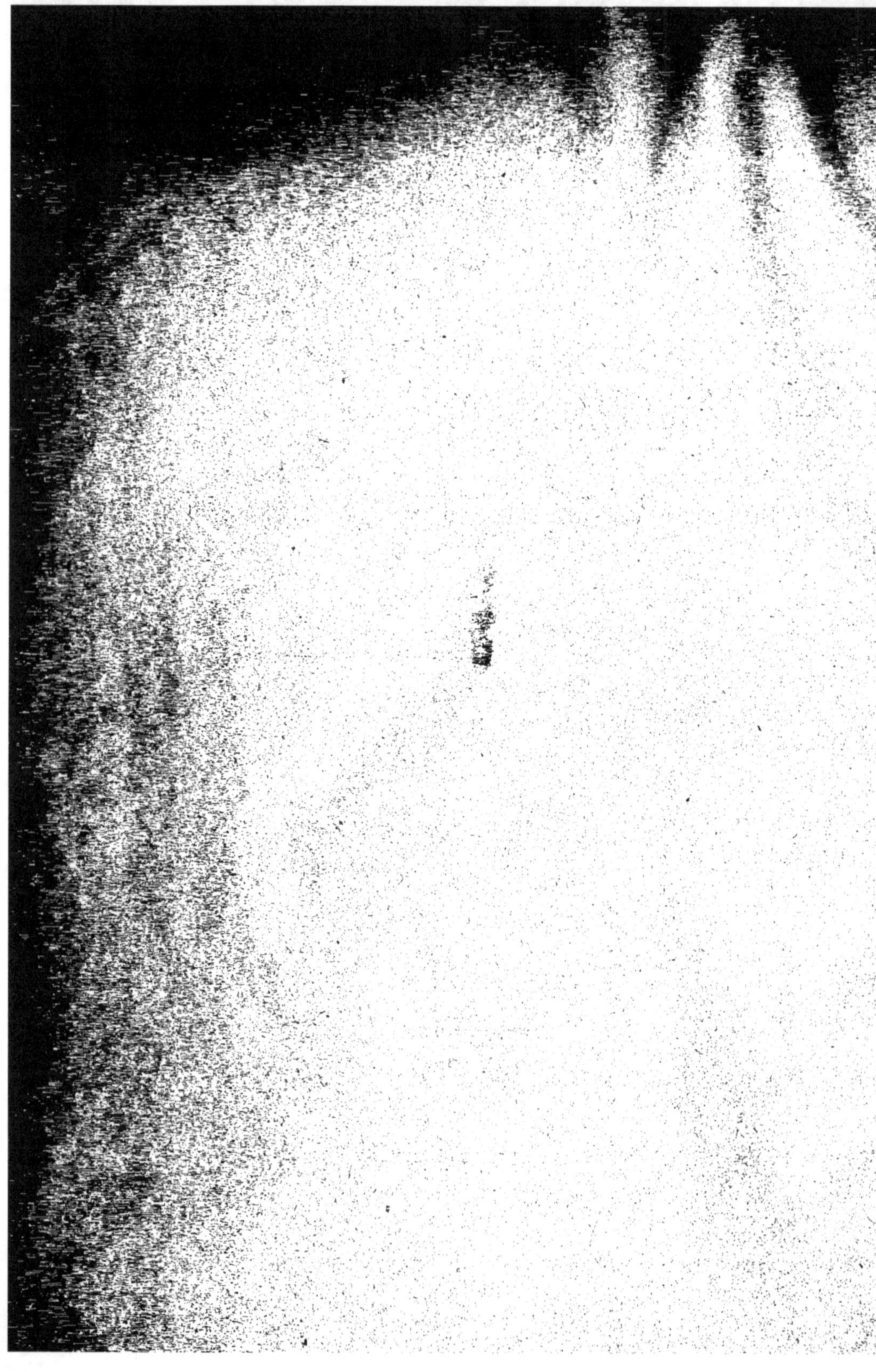

MATÉRIAUX

POUR LA

CARTE GÉOLOGIQUE

DE L'ALGÉRIE

MM. POMEL ET POUYANNE, Directeurs

1re SÉRIE

PALÉONTOLOGIE. — MONOGRAPHIES

N° 3

FOSSILES MIOCÈNES (1re PARTIE)

PAR

A. BRIVES

DOCTEUR ÈS SCIENCES

ALGER

IMPRIMERIE P. FONTANA & Cie, RUE D'ORLÉANS, 29

1897

FOSSILES MIOCÈNES

PREMIÈRE PARTIE

PAR

A. BRIVES

DOCTEUR ÈS SCIENCES

FOSSILES MIOCÈNES

PREMIÈRE PARTIE

Ce n'est pas une étude complète sur les faunes miocènes que j'ai l'intention de présenter au cours de ce travail, mais simplement de décrire les formes les plus communes qui caractérisent chacun des étages. Seule, la faune sahélienne de Carnot et des Beni-Rached sera étudiée plus spécialement et d'une façon plus complète.

Les matériaux d'étude ont été réunis par les collaborateurs à la carte géologique de l'Algérie et mis gracieusement à ma disposition par MM. Pomel et Pouyanne, directeurs.

M. Ficheur m'a communiqué un certain nombre de fossiles provenant du département de Constantine ou de Kabylie, et quoique ces formes n'aient pas encore été rencontrées dans l'Ouest de l'Algérie, j'ai cru devoir les signaler, afin de donner un aperçu plus général sur les faunes des divers étages miocènes en Algérie.

CARTENNIEN

PECTEN BESSERI Andz.

ANDRZEJOWSKY. *Notice sur quelq. coq. foss. de Volhyn-Podol, Bull. Soc. Nat. Moscou*, 1830.

Coquille des plus répandues et des plus typiques des grès cartenniens. Très souvent fragmentée, mais facilement reconnaissable. Les échantillons du Cartennien sont identiques à ceux de Léognan et diffèrent de ceux du bassin de Vienne par les côtes un peu moins nombreuses, 18 au lieu de 20, à la valve convexe et par un angle au sommet un peu moins ouvert.

Localités : Biéder, Tarzout, Ténès, Mouzaïa-les-Mines, Camp-du-Maréchal.

PL. I. — FIG. 1 et 2.

PECTEN FUCHSI Font.

FONTANNES. *Le Bassin de Visan*, Pl. III, fig. 3.

Petit échantillon en mauvais état, bien caractérisé par sa valve supérieure à côtes anguleuses et coupantes.

Localité : Baie des Beni-Aoua (Ténès).

PL. I. — FIG. 3 et 4.

PECTEN BURDIGALENSIS Lmk.

LAMARCK. *Annales du Museum*, vol. VIII.

Échantillon en mauvais état, bien caractérisé cependant et conforme à ceux du bassin de Bordeaux.

Localités : Kifan (Matmata), Mouzaïa-les-Mines, Ténès.

PL. I. — FIG. 5.

PECTEN VINDASCINUS Font. var.

FONTANNES. *Le Bassin de Visan.*

Je rapporte à ce type un grand peigne très commun dans le Cartennien, et correspondant à la description, donnée par M. Depéret, du type de Carry (*Étages tertiaires de la côte de Carry, Ann. Soc. Agric., Lyon 1888*). Les sujets du Cartennien sont identiques à ceux de Carry et présentent sur la valve droite convexe un nombre de côtes moindre (14 au lieu de 19) que le *vindascinus* type.

Localités : Ténès, Camp-du-Maréchal, Boghar.

PL. I. FIG. 6.

PECTEN PRŒSCABRIUSCULUS Font.

FONTANNES. *Le Bassin de Misan.*

Cette espèce importante est représentée par une valve droite, un peu usée, mais présentant 15 côtes rondes striées avec l'ornementation typique, et correspond bien ainsi au type décrit par Fontannes.

Localité : Tarzout, près Ténès.

PL. 1. — FIG. 7.

PECTEN SOLARIUM Lmk.

LMK. *Hist. An. sans vert,* vol. VI.

Je rapporte à cette espèce un jeune échantillon qui présente un nombre de côtes un peu moindre, 12 au lieu de 15, sur la valve inférieure convexe, mais qui présente des côtes planes ayant la striation décrite par *Hoernes* (*Bassin de Vienne*).

Localité : Baie des Beni Haoua (Est de Ténès).

PL. 1. — FIG. 9.

PECTEN LYCHNULUS Font.

FONTANNES. *Le Bassin du Visan.*

Cette forme intéressante n'est encore représentée que par un seul échantillon, provenant de Tarzout (Ténès), conforme au type du bassin du Rhône, avec cependant les côtes moins marquées. Elle existe aussi au Beni-bou-Mileuk.

PL. I. — FIG. 8.

8

PECTEN NUMIDUS Coq.

Coquand. *Géol. province de Constantine*, pl. XII.

Coquille grande très oblique, rappelant la forme générale du *P. prœsca-briusculus* Font. Valve gauche présentant 18-20 côtes striées longitudinale-ment sur toute leur longueur; transversalement, elles sont ornementées de petites lamelles imbriquées qui donnent à cette valve l'ornementation typique du *P. prœscabriusculus*. La valve droite présente les mêmes caractères, avec cette différence que les côtes sont moins rondes, et que l'ornementation qui domine est celle résultant des stries longitudinales très nettes tant sur les côtes que dans les intervalles.

Localités : Aurès (Oued Meriel, Khenchela, Djebel Saoun).

Pl. II. — Fig. 1 et 2.

PECTEN PRŒSCABRIUSCULUS Font., var Kabylianus.

Fontannes. *Le Bassin de Visan.*

Cette coquille présente l'ornementation et la forme typique du *Pecten prœscabriusculus* Font., en diffère par son grand nombre de côtes et se rapproche ainsi de la variété *catalaunicus*, créée par M. Almera pour le type à côtes nombreuses (18-20) du 1er étage d'Espagne, et du Portugal. La forme cartennienne de Belle-Fontaine se fait remarquer par un nombre encore plus grand de côtes (24 au lieu de 18-20).

Loc. : Belle-Fontaine.

Pl. II. — Fig. 3.

PECTEN BEUDANTI Bast.

Basterot. *Mém. géol. sur les environs de Bordeaux*, pl. I. fig. 1.

Très abondant dans les grès cartenniens et répandu dans tous les gise-ments. C'est la forme typique décrite dans Basterot et dans Hoernes.

L'échantillon figuré provient du Camp-du-Maréchal (Kabylie).

Pl. II. — Fig. 4.

PECTEN POMELI nov. sp.

Coquille suborbiculaire, œquilatérale, inéquivalve, sans ornementation visible. Valve droite très convexe, à crochet fortement recourbé, à surface légèrement ondulée, dessinant à peine les côtes qui vont en s'étalant vers le bord. Valve gauche très concave à côtes à peine visible, peu nombreuses (8 au plus), subquadrangulaires présentant un sillon longitudinal peu profond ; à intervalles larges ornés de stries transversales très fines.

Cette forme qui rappelle les Janires est très répandue dans le Cartennien, surtout dans la bande Sud : Boghar et massif de l'Ouarsenis, elle existe, cependant, dans la bande littorale aux environs de Ténès (Tarzout, Beni-Haoua).

Pl. II. — Fig. 5, 6, 7.

PECTEN POUYANNEI nov. sp.

Coquille grande, ovale, inéquilatérale à valve droite, présentant 17-18 côtes rondes au sommet, subquadrangulaires sur le bord, à intervalles profondes plus étroits que les côtes. Toute la surface est ornementée de fines stries transversales qui rappellent l'ornementation du *Pect. Solarium*. Les oreillettes sont également finement striées longitudinalement.

Cette forme n'est encore connue que dans le Cartennien des Beni-Bou-Mileuk.

Pl. IV. — Fig. 2, 3.

PECTEN FICHEURI nov. sp.

Coquille suborbiculaire, équilatérale, inéquivalve à côtes longitudinales. Valve droite convexe à côtes nombreuses (19) arrondies sans ornementation, valve gauche presque plane rappelant celle du *vindascinus*. Cette espèce diffère du *Leithajanus* à laquelle elle se rapporte par sa forme générale, par ses côtes plus écartées et moins nombreuses, 19 au lieu de 24. Elle présente donc un type intermédiaire entre *Leithajanus* et *vindascinus*.

Localité : Afir (Kabylie).

PECTEN JUSTIANUS Font.

Fontannes. *Le bassin du Visan.*

Forme absolument identique aux exemplaires du Visan et correspondant parfaitement à la description de Fontannes.

Localité : Bande cartennienne au Nord de Carnot.

OSTREA CARTENNIENSIS nov. sp.

Cette espèce n'est qu'une bonne variété de la *Velaini* Mun. Ch. *(Bertrand et Killan : Mission d'Andalousie, Pl. XXXV)* de laquelle elle diffère surtout par sa valve gauche (fixée) qui est largement plissée et rappelle l'*Ostrea crassicosta*. Sur la valve droite, on peut signaler aussi la dépression antérieure qui est plus fortement accusée ainsi que l'impression musculaire qui est plus profonde que dans la Velaini.

Cette espèce est très répandue dans le Cartennien et en constitue une des espèces les plus caractéristiques.

Localité : Tous les gisements.

Pl. IV. — Fig. 1.

PEREIRŒA GERVAISI Vézian.

Vézian. *Ter. post pyréneens*, Barcelone, 1856. — Crosse. *Journ. conchyl.*, vol. XV.

Cette espèce importante, voisine des Strombes, est représentée en Algérie par de nombreux exemplaires généralement mal conservés, mais ne laissant, cependant, aucun doute sur leur attribution à cette forme curieuse.

Je ne l'ai encore reconnue qu'en deux points : Tarzout (Ouest de Ténès) et près de Bou-Medfa, dans le lit de l'Oued Djer.

Pl. V. — Fig. 1.

ATURIA ATURI Bast.

Basterot. *Coq. foss. des env. de Bordeaux.*

Cette forme des environs de Bordeaux est assez commune dans les dépôts cartenniens. Je l'ai rencontrée à Tarzout, associée à la Pereirœa Gervaisi. Elle existe dans le massif de Ténès et en Kabylie (Haussonvillers).

Pl. I. — Fig. 10.

HELVÉTIEN

PECTEN DEPÉRETI nov. sp.

Cette espèce, qui présente de grandes affinités avec le *P. plano sulcatus* *Math.* (même nombre de côtes, 14 sur la valve inférieure, 13 sur la supérieure), s'en différencie par la présence non seulement sur la valve supérieure, mais encore sur l'inférieure, d'une côte intercalaire très marquée. De plus, les côtes de cette valve sont encore plus plates que dans le *plano sulcatus*.

Gisement : Marnes à *Ostrea crassissima* et à faune helvétienne du Sud d'Inkermann. Existe aussi dans les calcaires à *lithothamnium* de la rive gauche du Chélif.

PECTEN BOLLENENSIS Font. var. Mazounensis.

Petite forme très inéquilatérale se rapportant au type *Bollenensis*, à oreillettes peu développées, en diffèrent seulement par l'absence de la côte médiane saillante.

Localités : Mazouna, très abondante. Existe aussi dans les calcaires à *lithothamnium* d'Inkermann.

PECTEN PRŒJACOBEUS nov. sp.

Espèce janiroïde concavo-convexe à valve convexe de 12-14 côtes quadrangulaires profondément striées en long, avec intervalles profonds, concaves, plus étroits que les côtes, avec stries d'ornements transverses. Diffère du *jacobeus* actuel et pliocène par son sommet plus recourbé, sa forme générale plus étroite, ses côtes moins nombreuses et moins étalées.

Localités : Grès et calcaires de Mazouna et de l'Oued Taïnda (S.-E. Renault).

Pl. III. — Fig. 1, 2, 3.

2

PECTEN ADUNCUS Eichw.

EICHWALD. *Naturhistorische Skizze von Lithauen*, etc., page 218.

Type identique à celui figuré par *Hoërnes*, Pl. 59. En diffère, cependant, par sa valve supérieure qui présente des côtes plus carenées.

Localités : Calcaires et grès de Mazouna. Très commun dans la bande des calcaires et grès de la rive gauche du Chélif.

PL. III. — FIG. 4, 5, 6.

PECTEN SUBBENEDICTUS Font.

FONTANNES. *Le Bassin du Visan* -

Ne diffère de la forme décrite par Fontannes que par son sommet un peu moins saillant et par la disposition de ses côtes qui sont moins visibles au sommet que sur le bord. Par ce dernier caractère, le type de Mazouna se rapprocherait du *P. Paulensis* Font.

C'est donc une forme intermédiaire entre ces deux espèces, se rapprochant bien plus du *subbenedictus* par son profil et sa courbure.

Localités : Calcaires à *lithothamnium*, Mazouna. Existe aussi dans les calcaires à *lithothamnium* d'Inkermann où je l'ai recueilli.

PL. III. — FIG. 7 et 8.

VENUS PLICATA Gml.

GMELIN. *Linnœi systema naturæ.*

Forme tortonnienne à lamelles moins serrées et non anguleuses; caractère qui la distingue nettement de la forme suhélienne et pliocène.

SAHÉLIEN

PECTEN Cf. MACPHERSONI Bergeron.

BERGERON. *Mission d'Andalousie.*

Forme petite, se rapportant à l'espèce créée par M. Bergeron, à 12-14 côtes sur la valve inférieure convexe présentant un léger sillon médian.

Toute la surface est finement striée, sauf sur le sommet où les côtes même ne sont plus visibles.

Localité : Carnot, dans marnes sahéliennes.

PL. II. — FIG. 8.

PECTEN SUBGRANDIS nov. sp.

Je ne possède qu'une partie de valve supérieure très nettement caractérisée par dix côtes saillantes, carénées, présentant entre elles une côte plus fine. Toute la surface est finement striée transversalement. Cette forme se rapproche de celle du *P. Grandis* Sow. du Cray d'Anvers, où la côte intermédiaire existe, mais pas dans tous les intervalles. Elle se rapproche aussi du *P. planosulcatus*, mais s'en distingue facilement en ce que les côtes sont moins nombreuses, plus espacées et fortement carénées et non arrondies.

Localité : Cinq-Palmiers, dans marnes sahéliennes.

PL. II. — FIG. 9.

PECTEN VINDASCINUS Font.

FONTANNES. *Bassin de Visan.*

Représenté à Carnot et aux Cinq-Palmiers par la seule valve supérieure présentant l'ornementation caractéristique de cette espèce. C'est bien le type décrit par Fontannes, de taille seulement plus petite.

PL. II. — FIG. 10.

14

PECTEN PUSIO Linné.

Linné. *Syst. Nat.*, éd. XII.

Nettement semblable aux types du Pliocène du Sahel d'Alger et de
Vaucluse ; diffère du *Substriatus* d'Orb. par son ornementation plus fine,
ses côtés plus nombreuses et sa forme générale plus allongée.
Localités : Carnot, Beni-Rached.

PECTEN JACOBEUS Lin.

Lin. *Syst. Nat.*, éd. XII.

Forme un peu moins élargie que le type plaisancien d'Italie et des
environs d'Alger, un peu plus que le type Helvétien supérieur de Mazouna.
Le sommet présente aussi une courbure intermédiaire entre ces deux
types.
Localités : Alma, Cinq-Palmiers.

PECTEN CRISTATUS Bronn.

Bronn. *Italiens tertïar-gebilde.*

Type représenté par de nombreux échantillons jeunes et âgés, partout
dans les marnes. Carnot, Beni-Rached, Cinq-Palmiers, Kabylie.

PECTEN SOLARIUM Lmk.

Lamark. *Hist. Nat. An. S. Vert.*, vol. VI.

Bien caractérisé, assez répandu surtout dans l'Ouest, où il atteint une
très forte taille.
Localité : Oued Kramis, dans marnes blanches.

PECTEN FLABELLIFORMIS Defr.

Defrance. *Dict. Sc. Nat.*, XXXVIII, page 265.

Conforme au type figuré dans Goldfuss, présente sur la valve convexe
23 côtes plus rondes et plus espacées que ne l'indique la fig. de Goldfuss.
Localités : Pliocène des Medjadja et de Tadjena.
Pl. III. — Fig. 9.

VENUS PLICATA Gml.

GMELIN. *Linnaei Syst. Nat.* — FONTANNES. *Mollusques Plioc.*, pl. III, fig. 3.

Cette importante espèce est bien celle décrite par Fontannès pour la forme Pliocène. Les lamelles présentent, en effet, la saillie anguleuse qui manque chez les espèces de Cabrières et chez la forme de l'Helvétien supérieur (Tortonnien) d'Algérie. Les lamelles principales sont aussi très espacées, de même que chez les formes du Roussillon et des environs d'Alger.

Localités : Carnot, Béni-Rached, Cinq-Palmiers, Tadjena, Rabelais.
L'exemplaire figuré provient de Carnot.

PL. III. — FIG. 10.

VENUS MULTILAMELLA Lmk.

LAMARK. *Hist. Nat. des An. sans vertèbres*, vol. V.

Forme typique se rapportant à la description et à la figure de Fontannes, ainsi qu'aux exemplaires du Pliocène des environs d'Alger et du Roussillon. Cette espèce ne paraît pas exister à Cabrières.
Localités : Carnot, Beni-Rached, Cinq-Palmiers, Tadjena.

VENUS ISLANDICOÏDES Lmk.

LAMARK. *Hist. Nat. des An. sans vertèbres,* vol. V.

Je rapporte à cette espèce une forme assez abondante dans le Sahélien, mais toujours conservée en assez mauvais état, de sorte qu'il m'a encore été impossible d'avoir des charnières en bon état. D'où je n'ai pu juger si j'avais là la Vénus islandicoïdes type ou la variété miocène (Vénus Dujardini). Les deux formes existent probablement à Carnot.
Localités : Carnot, Beni-Rached, Cinq-Palmiers, Rabelais.

LUTRARIA Cf. OBLONGA Chmtz.

CHEMNITZ. *Neues systematisches Conchyl.-Cab.* Bd. VI.

Forme très voisine de celle décrite et figurée par Hoernes Pl. V., en diffère par sa forme générale plus globuleuse, ce qui tend à la rapprocher de l'*elliptica* Roissy, figurée par Fontannes.
Localité : Carnot.

SOLECURTUS STRIGILLATUS Linne.

LINNÉ. *Syst. naturæ*, ed. XII.

Se rapporte plutôt à la description de Fontannes (type pliocène) qu'à la forme miocène de Bordeaux, décrite sous le nom de *Solecurtus Basteroti*.
Localité : Carnot.

CLAVAGELLA BACILLARIS Desh.

DESHAYES. *Hist. Nat. des Vers.* 1830.

Conforme aux exemplaires du bassin de Vienne et à ceux du Plaisancien d'Italie.
Localité : Carnot.
PL. IV. — FIG. 23.

CORBULA Cf. CARINATA Duj.

DUJARDIN. *Mém. sur les couches du sol en Touraine (Mém. Soc. Géol)*, vol. II.

Ne diffère du type figuré par Hoernes que par une forme moins ronde et plus anguleuse.
Abondante à Carnot, existe aussi aux Cinq-Palmiers.

CARDIUM DISCREPANS Bast.

BASTEROT. *Mém. Géol. sur les env. de Bordeaux.*

Je rapporte à cette espèce quelques fragments de test présentant les les caractères de cette remarquable espèce et un moulage interne ayant la forme générale du type et dont on trouve de nombreux échantillons non seulement dans le Sahélien, mais encore dans les couches de l'Helvétien supérieur (Mazouna. Calc. à *lithoth.* du Chélif).
Localités : Carnot-Kherba.

CARDIUM HIANS Brocc.

BROCCHI. *Conchiologa fossile subapennina*, vol. II.

Je n'ai jamais rencontré cette forme avec son test et j'y rapporte seulement le moulage interne qui se rencontre fréquemment.
Localités : Carnot, Kherba, Beni-Rached, Cinq-Palmiers, Tadjena.

CARDIUM MICHELOTTIANUM Mayer.

MAYER. *In Hoernes.*

Coquille en assez bon état de conservation, se rapportant à la figure de Hoernes.

CARDITA JOUANNETI Bast. var. LŒVIPLANA Depéret.

BASTEROT. *Mém. Géol. sur les env. de Bordeaux.*

Cette cardite, très commune dans les couches de Khèrba, Carnot, Beni-Rached, présente l'exagération du type lœviplana dont M. Depéret a séparé la forme tortonienne. Chez l'espèce sahélienne, les côtes bien marquées sur le crochet s'effacent bien avant d'avoir atteint le 1/5 de la coquille. La striation qui domine est celle provenant de l'accroissement ; de plus, la coquille est beaucoup plus épaisse que chez les types de Cabrières, de Baden et d'Italie. Le diamètre antéro-postérieur est aussi plus grand, ce qui lui donne une forme générale plus allongée. Si l'on tient compte de ce fait que l'applatissement des côtes dans l'espèce tortonienne est un caractère constant qui a permis de la séparer, à titre de variété, de l'espèce helvétienne et d'en distinguer par là une forme plus récente, il faut bien admettre, puisque cette différenciation est encore plus marquée, que la forme de Carnot est plus récente que celle de Cabrières et qu'elle doit être, à son tour, séparée également à titre de variété.

J'ai fait figurer (Pl. V. — Fig. 6) un exemplaire jeune et (Fig. 5) un plus âgé pour montrer l'épaississement considérable dans la coquille, épaississement qui a pour résultat de rapprocher les crochets à tel point qu'il y a contact parfait.

Il en résulte un ensemble de caractères différentiels tel, qu'il me paraît indispensable de séparer la forme sahélienne sous une dénomination spéciale. Le terme de *lœviplana* lui conviendrait parfaitement, attendu que ce caractère, tiré de l'applatissement des côtes, y est mieux marqué que dans la forme tortonienne.

PL. V. — FIG. 2, 3, 4, 5, 6.

CARDITA PARTSCHI Goldf.

GOLDFUSS. *Petrefacta Germaniæ*, pl. 133.

Je rapporte à cette espèce un fragment de valve droite, répondant à la description et à la fig. de Hoernes, et semblable à un exemplaire provenant de Largileyre.

Localité : Carnot.

CARDITA BOLLENENSIS Font.

Fontannes. *Moll. Plioc. de la vallée du Rhône*, pl. VII.

Identique à la forme de Bollène par son bord postérieur oblique, qui donne à cette espèce une forme générale bien caractéristique.
Localité : Carnot.

Pl. V. — Fig. 8.

CARDITA INTERMEDIA Broc.

Brocchi. *Couch. foss. subap.*

Cette cardite, très commune dans le Sahélien, est identique aux échantillons de Fossetta et correspond à la description de Brocchi. Une forme, un peu différente par son crochet moins antérieur et par sa forme générale moins bombée, se rapproche des types *sulcata* Brug et *rhomboidea* Mayer. C'est cette forme qui est figurée Pl. V, fig. 7.
Localités : Les deux formes partout : Carnot, Tadjena, Rabelais.

LEDA PELLA Lin.

Linné. *Syst. Nat.* ed. XIII.

Forme identique à l'espèce figurée par Hoernes.
Localité : Carnot.

PECTUNCULUS PILOSUS Lin.

Linné. *Syst. Nat.* ed. XII.

Pectunculus du groupe *glycimeris*, identique à la forme décrite et figurée par Hoernes.
Localités : Carnot, Beni-Rached.

PECTUNCULUS VIOLESCENS Lmk.

Lamark. *Hist. Nat. An. Sans. Vert.*, vol. IV.

Cette forme, très commune, est absolument identique aux exemplaires du Pliocène des environs d'Alger et à ceux encore vivant sur les côtes d'Algérie.
Localités : Carnot, Cinq-Palmiers, Rabelais.

ARCA FICHTELI Desh.

DESHAYES. *Traité élément. de Conchiologie*, vol. II.

Cette espèce, assez rare, au moins en bon état de conservation, est identique à celle figurée par Hoernes (Pl. 43. — Fig. 1 et 2).

ARCA TURONICA Duj.

DUJARDIN. *Mémoire sur les couches du sol en Touraine. (Mém. Soc. Géol.*, vol. II).

Espèce très rare, identique aux exemplaires du laboratoire de Géologie d'Alger, provenant de Touraine. C'est à cette espèce plutôt qu'à la précédente que je rapporte les nombreux débris d'une *arca* de grande taille que l'on trouve communément dans les marnes sahéliennes.

ARCA DILUVII Lmk.

LAMARK. *An. sans. vert.*, vol. IV.

Le type, conforme aux exemplaires du pliocène du Roussillon et de la molasse des environs d'Alger, est très commun à Carnot. Il présente quelques formes qui tendent à l'*arca turonica*, passage que Fontannes a, d'ailleurs, déjà signalé pour des formes pliocènes du Sud de l'Isère.

Localités : Carnot, Beni-Rached, Cinq-Palmiers. Tadjena.

PINNA BROCCHI d'Orb.

D'ORBIGNY. *Prodome de Paléont.*, vol. III.

Ce n'est qu'avec doute que je rapporte à cette espèce quelques débris recueillis aux Beni-Rached.

CONUS MERCATI Broc.

BROCCHI. *Conchiolog. fossile subapennina*, t. II.

On trouve abondamment à Carnot, Beni-Rached, Cinq-Palmiers, de grands et beaux échantillons du type tortonien d'Italie et assez rarement une forme plus petite correspondant au type d'Asty, décrit par Sacco. Les exemplaires les plus communs que l'on trouve entiers sont de taille moyenne et semblables à celui figuré Pl. V., fig. 9.

Localité : Commun dans toute la région d'Orléansville à Ténès.

CONUS PELAGICUS Broc.

BROCCHI. *Conch. foss. subap.*, t. II.

Un seul exemplaire, provenant de Carnot, un peu plus grand que les exemplaires plaisanciens et passant à la variété *monstruosa* Broc.

CONUS PUSCHII Micht.

MICHELOTTI. *Fon. des ter. tert. d'Italie*, Pl. XIV.

Un seul exemplaire de belle taille absolument identique à ceux de Tortone. De nombreux exemplaires de taille plus petite sont conformes à la figure 7 de Hoernes.
Localités : Carnot, Beni-Rached, Medjadja.
PL. V. — FIG. 10.

CONUS STRIATULUS Broc.

BROCCHI. *Conch. foss. subap.*, t. II.

Assez commun, identique aux exemplaires de Montegibbio et du Plaisancien.

CONUS STRIATULUS Broc. var. ANOMALOSPIRA Sacc.

Aussi commun que le type dont elle diffère en ce que la spire est moins régulière et plus globuleuse. Il existe, d'ailleurs, tous les passages entre le type et la variété.
Localités : Carnot, Beni-Rached, Tadjena.

ANCILLA GLANDIFORMIS Lmk.

LAMARK. *Ann. du Mus.*, t. XVI.

Forme petite, à peine empâtée, bien différente des formes globuleuses et fortement empâtées de Cabrières et de Tortone, dont je n'ai jamais trouvé d'exemplaires dans le Sahélien. Commune à Kherba, Carnot, Beni-Rached.
PL. III. — FIG. 14.

ANCILLA OBSOLETA Broc.

Broc. *Conch. foss. subap.*, t. II.

Très commun aussi dans les mêmes gisements que *glandiformis*, identique aux exemplaires de Baden.

MARGINELLA Cf. DESHAYESII Micht.

Michelotti. *Fossiles des ter. mioc. de l'Italie sept.*

L'espèce de Carnot diffère sensiblement de celle de Michelotti par une forme plus large et plus anguleuse, ce qui n'est peut-être que le résultat d'une légère déformation, car tous les autres caractères sont identiques. Cette espèce est très rare.

Pl. IV. — Fig. 4.

MARGINELLA (STAZZANIA) EMARGINATA Bon.

In Bellardi et Sacco. *Mollusques tert. d'Italie.*

Cette forme est identique aux exemplaires de Stazzano ; elle n'existe pas à Carnot, mais est assez commune dans les Beni-Rached.

On y trouve aussi, plus rarement, la forme oblique que Bellardi a séparé comme variétée (var. B). Ces deux formes, spéciales aux couches de Stazzano, se trouvent à Beni-Rached, Cinq-Palmiers, Rabelais.

RINGICULA BUCCINEA Desh.

Deshayes in Hoernes. *Fossiles du bassin de Vienne.*

Identique aux exemplaires de Baden. Rare à Carnot, Beni-Rached, Rabelais.

RINGICULA Cf. GRATELOUPI D'Orb.

D'Orbigny. *Prodome de Paléontologie*, t. III. Pl. LX.

Je rapporte à cette espèce une coquille répondant complètement à la description de Fontannes, mais dont la taille dépasse de beaucoup celle indiquée par cet auteur. Elle mesure, en effet, 34 millim. de long sur 9 de large.

Localité : Un seul exemplaire de Carnot.

Pl. IV. — Fig. 15-16.

MITRA BELLATULA Bell.

BELL. *Moll. tertiaires d'Italie.*

Identique à l'espèce décrite et figurée de Bellardi.
Ce type est franchement tortonien.
Localité : Rare à Carnot.

MITRA BORSONI Bell.

IN BELLARDI ET SACCO. *Moll. text. d'Italie.*

Je rapporte à cette espèce tout un groupe de Mitres dans lequel il y a
tous les passages entre la *pyramidella* et la *Borsoni*, espèces tortoniennes.
Localité : Beni-Rached.

COLUMBELLA NASSOIDES Bell.

BELLARDI. *Moll. tertiaires d'Italie.*

Conforme au type de Bellardi.
Localité : Rare à Carnot.

STROMBINA TETRAGONOSTOMA Font.

FONTANNES. *Moll. plioc. de la Vallée du Rhône.*

La forme de Carnot se rapproche de celle du Roussillon par la forme
subcarrée de ses tours. La strie profonde qui borde la suture dans la
partie postérieure des tours, signalée par Fontannes sur les exemplaires
de Cabrières, manque sur l'espèce sahélienne qui se rapproche, cependant,
du type miocène par les plis et rugosités de l'ouverture qui sont plus accen-
tués que chez le type du Roussillon.
Localités : Carnot, Beni-Rached, Cinq-Palmiers. Commun.
PL. III. — FIG. 11 et 12.

NASSA SEMISTRIATA Broc.

BROC. *Conchol. foss. subapennina,* t. II.

Fontannes (Bassin du Visan) a proposé, pour la variété miocène, le
nom de *Nassa cabrierensis* qui diffère du type Pliocène de la vallée du
Rhône et du Roussillon par le peu d'extension de la callosité collumellaire. Tous les exemplaires de Carnot, et j'en ai examiné une assez
grande quantité, présentent tous le type Pliocène de Fontannes.
Très commune à Carnot, Beni-Rached, Cinq-Palmiers, Rabelais.
PL. III. — FIG. 13.

NASSA MUTABILIS Lin.

Linn. *Systema Nat.,* éd. XII.

Cette forme, très commune à Carnot, y est représentée par un type sans stries transversales, sauf quelques-unes peu marquées sur le dernier tour. Une variété aussi commune se fait remarquer par la présence, près du bord externe, de 5 à 6 bourrelets épais et par un sillon postérieur très profond.

Localités : Carnot, Beni-Rached, Tadjena.

NASSA CREBESULCATA Bell.

Bellardi. *Moll. tert. d'Italie.*

Variété miocène du type *reticulata.*
Assez abondante aux Beni-Rached ; rare à Carnot et à Tadjena.

NASSA BRUGNONIS Bell.

Bellardi. *Moll. tertiaires d'Italie.*

Variété miocène du type *prismatica,* se retrouve cependant dans l'Astien, où elle est rare.
Abondante à Carnot, Beni-Rached ; rare à Tadjena. Rabelais.

NASSA LIMATA Chmtz.

Chemnitz. *N. syst. Conch.-Cab,.* t. IX.

Cette espèce est représentée, à Carnot, par deux formes : La forme *danu-bienne,* à côtes plus serrées et plus flexueuses, et la forme franchement pliocène, identique aux exemplaires du Roussillon et des environs d'Alger (Douéra). Commune à Carnot, Beni-Rached ; la forme tortonienne est rare à Tadjena, où je n'en ai trouvé qu'un seul exemplaire, alors que la forme pliocène y est assez commune.

PHOS POLYGONUM Broc.

Brocchi. *Conch. foss. Subapennina,* t. II.

Le type pliocène identique à celui décrit par Fontannes est assez rare, la forme la plus commune correspond plutôt à celle de Hoernes, pour laquelle Fontannes demande de faire la variété Hornesi, spéciale au Miocène. Les deux formes se trouvent à Carnot, Beni-Rached, Tadjena, Rabelais.

Pl. IV. — Fig. 13, est représentée la forme pliocène.

24

CASSIS SABURON Lmk.

LAMARK. *Hist. des An. sans Vert.*, *Ed. Deshayes*, t. X.

Par son test mince et l'absence de stries ou rugosités sur sa surface, le type de Carnot se rapproche beaucoup de la forme du Roussillon. Quelques stries transverses bien accusées le rapprochent cependant des types de Baden. Le passage de la forme miocène à la pliocène a déjà été signalé (voir Fontannes), de sorte que cette espèce n'a aucune valeur stratigraphique.

CHENOPUS (ROSTELLARIA) THERSITES Pom.

M. Pomel a désigné ainsi, sans la décrire plus amplement, une forme commune aux Beni-Rached, qui existe déjà, d'ailleurs, à Mascara. Cette forme, qui présente le type du *Chenopus pes pelicani* par son ornementation, en diffère cependant par une callosité collumellaire très développée qui recouvre toute la partie antérieure du dernier tour et se termine par un bourrelet saillant très remarquable. Je ne puis, malheureusement, donner une figure complète de cette forme curieuse, n'en ayant que des sujets incomplets.

Localités : Carnot, Beni-Rached. Assez commune.

PL. IV. — FIG. 18 et 19.

TRITON HEPTAGONUM Broc. var. PYRENAICUM Font.

FONTANNES. *Mollusques pliocènes de la vallée du Rhône.*

Je rapporte à cette variété un exemplaire bien conservé présentant tous les caractères différentiels du type du Roussillon avec l'espèce de Brocchi.

Localité : Carnot.

RANELLA MARGINATA Brong.

A. BRONGNIART. *Mém. sur les Ter. sup. du Vicenten 1823.*

Diffère du type miocène en ce que les stries d'ornementation sont à peine marquées. Diffère du type pliocène par sa taille moindre, son labre moins épais, sa callosité moins étendue en arrière et par sa forme générale moins globuleuse. Très voisin du type de Santa-Agatha.

Rare à Carnot, Beni-Rached, Cinq-Palmiers.

PYRULA RETICULATA Lmk. var. SUBINTERMEDIA d'Orb.

D'ORBIGNY IN SACCO ET BELLARLI. *Moll. tert. d'Italie.*

La forme de Carnot est identique à celle décrite par Bell. et Sacco qui est fréquente dans le Plaisancien, ne diffère de la forme vivante actuelle que par ses mailles un peu plus larges et ses stries un peu moins fines.

Localité : Carnot.

PYRULA RUSTICULA Bast.

BASTEROT. *Mém. Géol. sur les env. de Bordeaux.*

Type identique à ceux du Miocène du Sud-Ouest.

Localité : Carnot.

FUSUS LAMELLOSUS Bors.

BORSONI IN HOERNES. *Moll. du bassin de Vienne.*

Type identique à celui de Santa-Agatha.

Localités : Carnot, Cinq-Palmiers.

JANIA ANGULOSA Broc.

BROCCHI. *Conc. foss. subapennina,* t. II.

Je n'ai qu'un seul exemplaire en bon état, et il correspond parfaitement à la figure et à la description de Fontannes (Moll. plioc. de la vallée du Rhône). Cette espèce débute, d'ailleurs, dans le miocène, mais n'atteint son maximum de développement numérique que dans le Plaisancien.

Localité : Carnot. Très rare.

FUSUS Cf. LONGIROSTER Broc.

BROCCHI. *Conch. foss. subapennina,* t. II.

L'exemplaire unique de Carnot que je possède diffère sensiblement du type de Brocchi. Il présente 12 côtes longitudinales au lieu de 9-10. Ces côtes sont larges, arrondies, séparées par des intervalles profonds et recoupées transversalement par trois côtes saillantes dessinant bien la carène typique signalée par Fontannes. La queue est, en outre, moins longue, proportionnellement, et l'ouverture plus ovale.

Localité : Carnot.

PL. V. – FIG. 11.

CANCELLARIA (scalptia)? DERTOSCALATA var. HISTOCOSTATA Sacc.

Sacco. et Bellardi. *Moll. tert d'Italie.*

Forme identique à celle de Stazzano.
Localités : Carnot, Beni-Rached. Rare.

CANCELLARIA (sveltia) DERTOVARICOSA var. MAGNOTURRITA Sacc.

Bellardi et Sacco. *Moll. tert. d'Italie.*

Forme identique à celle de Stazzano.
Localités : Carnot, Beni-Rached. Rare.

CANCELLARIA (sveltia) DERTOVARICOSA var. SPINULATIOR Sacc.

Sacco. et Bellardi. *Moll. tert. d'Italie.*

Cette forme n'existe pas à Carnot. Aux Beni-Rached, elle est représentée par la forme typique de Stazzano, Santa-Agata et aussi par une variété à côtes moins nombreuses et à forme plus allongée, qui la rapproche de la variété *magnoturrita.*
Localité : Beni-Rached.

SURCULA RECTICOSTA Bell.

Bellardi et Sacco. *Moll. tert. d'Italie.*

La forme de Carnot correspond bien au type pliocène et non à la variété miocène décrite par Bellardi sous le nom de *S. consobrina.*
Rare à Carnot. Beni-Rached.

SURCULA DIMIDIATA Broc.

Brocchi. *Conch. foss. subapennina.*

La forme de Carnot diffère de celle de Tortone par sa carène plus aiguë et ses denticules plus saillants, ce qui la rapproche du type du S.-E. décrit par Fontannes. Bellardi en a fait la *variété C,* qui caractérise le plaisancien d'Italie.
Localités : Assez rare à Carnot, Beni-Rached, Tadjena.

SURCULA MERCATI Bell. (S. SINUATA Bell.)

Bellardi et Sacco. *Moll. tert. d'Italie.*

Type identique aux exemplaires de Santa-Agatha : Carnot, Beni-Rached, Tadjena.

DOLICHOTOMA CATAPHRACTA Broc.

Brocchi. *Conch. foss. subapennina.*

La forme qui domine à Carnot est celle à tubercules saillants dont Bellardi a fait la variété D, et qui est spéciale au Plaisancien. Les formes allongées, analogues à celles du type miocène, ne sont pas rares non plus.

Localités : Carnot, Beni-Rached, Tadjena.

GENOTA RAMOSA Bast.

Bastérot, *Mém. géol. sur les environs de Bordeaux.*

Cette forme et ses nombreuses variétés existent dans tous les gisements et présentent tous les passages à l'espèce suivante :

Localités : Carnot, Beni-Rached, Tadjena, Rabelais.

GENOTA MAYERI Bell.

Bellardi : *Mollusques tertiaires du Piémont,* pl. III, fig. 7.

Les exemplaires du Sahélien sont identiques à ceux de Stazzano. Sur quelques-uns, les tubercules sont plus isolés et semblent indiquer un passage à la *genota* de Cabrières.

Localité : Carnot.

PLEUROTOMA TURRICULA Broc.

Brocchi. *Conch. foss. subapennina.*

La forme sahélienne est identique à celle du Plaisancien d'Italie et des environs d'Alger.

Très commune. Carnot, Beni-Rached, Tadjena.

PLEUROTOMA CONTIGUA Broc.

BROCCHI. *Conch. foss. subapennina.*

Cette forme, variété miocène de la précédente, existe aussi identique aux exemplaires de Montegibbio.

Localités : Rare. Carnot, Beni-Rached, Tadjena.

PLEUROTOMA Cf. INTERRUPTA Broc.

BROCCHI. *Conch. foss. Subapennina.*

Je rapporte à cette espèce deux formes qui en présentent l'ornementation, mais qui en diffèrent par une spire plus allongée.

Rare à Carnot.

CERITHIUM BRONNI Partsch.

PARTSCH. *In Hoernes : Bassin de Vienne.*

J'ai fait représenter les quatre formes les plus communes à Carnot. J'ai déjà indiqué que ces formes étaient plus voisines du *Cerithium* Bronni que du *Dertonense* Mayer.

La figure 12 représente le type du *Bronni* et du *Granulinum*, tel qu'il est décrit dans Hoernes. Il est caractérisé par les nodosités longitudinales, véritables varices, assez nombreuses, et par ses tours de spire très anguleux.

La figure 11 représente un type voisin, à nodosités plus espacées, à stries transversales très nombreuses et très nettes. La ligne de nodosités qui borde la Suture n'est bien indiquée que sur les deux derniers tours.

Avec le type figuré figure 10, les nodosités sont plus limitées et plus sphériques. Sur le dernier tour, la rangée médiane de nodosités est remplacée par deux lignes parallèles de petits tubercules. Ce dernier caractère se présente chez la majeure partie des exemplaires du *Cerithium Salmo*, que j'ai eu l'occasion de voir. La spire est toujours anguleuse.

Enfin, le type reproduit figure 9 présente des sillons transverses encore nombreux, mais les varices ne se montrent que sur le dernier tour, ce qui est un caractère du *Dertonense* Mayer. Les nodosités principales sont, cependant, moins nettement définies que dans les types de Cabrières ; elles sont, d'ailleurs, plus fortes et plus isolées. C'est ce dernier type qui se rapprocherait le plus du *Cerithium dertonense* ; il présente, en outre, une spire plus allongée et moins anguleuse que les types précédents. Mais je ne crois pas qu'il pût être identifié avec l'espèce de Cabrières. Ce sont, évidemment, des termes de passage entre les deux espèces, mais plus voisines du *Granulinum* ou *Bronni* que du *Dertonense*.

Pl. IV. — Fig. 9, 10, 11, 12.

TURRITELLA TRICARINATA Broc.

Brocchi. *Conch. foss. subapennina.*

Type absolument identique aux exemplaires du Pliocène des environs d'Alger.

Localité : Commune dans tous les gisements, y compris Carnot.

Pl. V. — Fig. 16.

TURRITELLA COMMUNIS Risso.

In Fontannes. *Moll. plioc. de la vallée du Rhône.*

Forme très commune dans le Pliocène des environs d'Alger, au contraire, rare dans les gisements sahéliens. Cette forme présente tous les passages entre la *tricarinata* et l'*aspera*.

Localité : Carnot et tous les gisements.

TURRITELLA ASPERA Sismond var. DISTANTICINCTA Sac.

In Sacco. *Moll. tert. de l'Italie.*

Cette variété, qui diffère du type de Dismonda par des tours plus convexes, est localisée, d'après Sacco, dans le Plaisancien.

Le Sahélien présente de nombreuses formes de passage de la variété au type.

Localité : Carnot.

Pl. V. — Fig. 17.

TURRITELLA VERMICULARIS Broc.

Brocchi. *Conch. foss. subp.*, t. II.

Très rare à Carnot, cette espèce paraît plus commune dans les gisements du Plateau de Tadjena.

C'est bien l'espèce décrite par Brocchi à tours plats et à trois cordons égaux.

Pl. V. — Fig. 18.

TURRITELLA SUBANGULATA Broc. var. SPIRATA
(TURRITELLA ACUTANGULA Broc.).

Très commune, cette forme est considéré pare Sacco comme spéciale au Plaisancien, elle existe très rare à Santa-Agatha.

Localités : Carnot rare, Beni-Rached, Tadjena commune.

Pl. V. — Fig. 19.

TURRITELLA ARCHIMEDIS Eichw.

Eichw. *In Hoernes (Mollusques du bassin de Vienne)*.

Ce type correspond à celui de Hoernes et est assez commun. On trouve, en outre, une variété qui présente une troisième côte assez forte, mais moins marquée que les deux principales, ce qui indiquerait un passage à la *vermicularis* Broc.

Localités : Abondante à Carnot, rare à Tadjena.

Pl. V. — Fig. 15.

TURRITELLA TURRIS Bast.

Bast. *Mém. géol. sur les environs de Bordeaux*.

Les marnes de Carnot renferment en abondance cette *Turritella* et aussi de nombreuses variétés. L'une d'elle prédomine et est surtout caractérisée par l'exagération de la deuxième carène, d'où il résulte une spire plus anguleuse. Cette forme ne présente que les cinq côtes du type *turris* et diffère, par cela même, de la *valriacensis*, qui présente de nombreuses côtes secondaires. Cette variété, très commune dans le Tortonien de Moujuich, d'après M. Almera, est dénommée par lui var. *angulosa*.

Localités : Carnot, Beni-Rached, Cinq-Palmiers.

Pl. V. — Fig. 12, 13, 14.

PROTO ROTIFERA Lmk.

Lamark. In *Fisch. et Tourn. Les fossiles du Mont Leberon*.

Type identique à celui de Cabrières.

Localité : Carnot. Rare.

Pl. V. — Fig. 20.

ROTELLA SUBSUTURALIS d'Orb.

D'ORB. IN FISCH. et TOURN. *Les Invest. du Mont Leberon.*

Cette forme intéressante n'existe pas à Carnot, mais elle est assez commune aux Beni-Rached. Elle diffère de la forme de Cabrières par une spire plus allongée, un angle moins ouvert au sommet, et par les stries d'ornementation, qui sont plus accusées et plus profondes.
Localité : Beni-Rached. Manque à Carnot.
PL. III. — FIG. 15.

SOLARIUM SIMPLEX Bron.

BRON. IN HOERNES. *Fossiles du Bassin de Vienne.*

Les exemplaires du Sahélien sont identiques à ceux provenant de Fossetta (Plaisancien) et au type décrit par Sacco et Bellardi.
Localités : Carnot, Beni-Rached, Cinq-Palmiers. Assez commun.
PL. III. — FIG. 16.

NATICA JOSEPHINIA Risso.

RISSO IN FONTANNES. *Moll. plioc. de la vallée du Rhône.*

Identiques au type du Roussillon, les exemplaires sahéliens présentent une forme plus plate que celle des types tortoniens.
Localités : Carnot, Cinq-Palmiers, Tadjena, Rabelais.
PL. IV. — FIG. 17.

NATICA HELICINA Broc.

BROCCHI. *Conch. foss. subapennina.*

Les exemplaires de Carnot sont identiques à ceux du Roussillon et à ceux du Pliocène des environs d'Alger.
Localités : Carnot, Beni-Rached, Tadjena, Rabelais.

NATICA MILLEPUNCTATA Lmk.

LAMARK IN FONTANNES. *Moll. plioc. de la vallée du Rhône.*

Les exemplaires sahéliens ne sont jamais d'aussi belle taille que ceux du Pliocène d'Italie et des environs d'Alger. On les trouve depuis la forme typique jusqu'à la variété *companyoi* Font., indiquant ainsi tous les passages avec la forme miocène.
Localités : Carnot, Tadjena, Rabelais. Commune.

DENTALIUM SEXANGULUM Linné.

Linné in Fontannes. Moll. plioc. de la vallée du Rhône.

Cette espèce, nettement caractérisée, par sa section hexagonale et par ses deux cycles de côtes, existe assez abondante dans le Sahélien.

Localités : Carnot, Cinq-Palmiers, Tadjena, Rabelais.

Pl. IV. — Fig. 21 *a* et *b*.

DENTALIUM INEQUALE Bron. (D. DELPHINENSE Font.).

Fontannes. Moll. plioc. de la vallée du Rhône.

Cette espèce, facile à différencier de la précédente par le grand nombre de costules qui s'intercalent entre les six principales, est très commune dans les dépôts sahéliens.

Localités : Carnot, Cinq-Palmiers, Tadjena, Rabelais.

Pl. IV. — Fig. 20 *a, b* et *c*.

DENTALIUM FOSSILE Lin.

Linn. in Hoernes. Fossiles du Bassin de Vienne.

Les exemplaires de Carnot sont identiques à ceux de Baden.

Localités : Carnot, Tadjena, Rabelais.

DENTALIUM ELEPHANTINUM Phil. ?

Ainsi-que Fontannes l'a déjà reconnu, cette espèce est bien nettement séparée du *Dent. sexangulum* par la présence d'une troisième série de costules qui vient s'intercaler dans les intervalles des deux premières. La courbure n'est pas un caractère constant, mais j'ai toujours observé, sur les nombreux échantillons que j'ai examinés, une section circulaire sur laquelle il est difficile de distinguer les côtes principales de celles de la deuxième série.

Cette espèce caractéristique des marnes subapennines d'Italie et de Provence est très commune dans le Sahélien.

Localités : Carnot, Beni-Rached, Tadjena, Rabelais.

Pl. IV. — Fig. 22, *a* et *b*.

Je terminerai cette étude de la faune sahélienne de Carnot par quelques types qui caractérisent le Sahélien aux environs de Renault :

SCALARIA RENAULTI nov. s.

Cette espèce diffère sensiblement de la *Sc. lamellosa* Broc. Elle présente une forme plus trapue, ce qui la rapprocherait de la *Sc. retusa* Broc. (in Micht.). L'angle au sommet est d'environ 65° ; les tours, au nombre de 5, sont ornés de lamelles longitudinales, obliques, renversées en arrière, au nombre de 10, sur chaque tour et présentant une apophyse épineuse dans leur partie convexe. Pas de costules transverses comme dans la *lamellosa*. Ouverture circulaire bordée, en dehors, par la dernière lamelle.

Dans la zone micacée, près de Renault.

Pl. IV. — Fig. 14.

PLANORBIS MANTELLI Dunk.

Pl. IV. — Fig. 7 et 8.

PLANORBIS SOLIDUS.

Pl. IV. — Fig. 5 et 6.

LIMNEA groupe HEYRIACENSIS et BONILETTI

Dans les calcaires lacustres des environs de Renault.

RÉSUMÉ PALÉONTOLOGIQUE

L'étude de ces formes miocènes nous permet certaines analogies qu'il est bon de faire ressortir.

Le Cartennien est bien caractérisé par sa faune. Les Pectinidés surtout nous permettent des comparaisons intéressantes. Un certain nombre de formes telles que *Pecten prœscabriusculus, lychnulus, Fuchsi,* assez abondamment répandues dans les couches d'Algérie, se retrouvent dans le Bassin du Rhône, localisées dans le Burdigalien. D'autres, comme les *Pecten Besseri* et *Leithajanus,* sont voisines de types du premier étage du Bassin de Vienne. Enfin, par les types voisins du *Pect. prœscabriusculus* tels que la variété *Kabylianus* et le *Pect. Numidus,* qui diffèrent seulement par un nombre de côtes beaucoup plus grand, ces formes cartenniennes rappellent celles du premier étage d'Espagne dont MM. Almera et Bofill viennent de donner une belle monographie[1].

Ainsi, par ses pectinidés, le Cartennien présente de grandes analogies avec la faune du premier étage tant dans l'Europe centrale que dans l'Europe occidentale. Une forme découverte récemment, la *Pereirœa Gervaisi,* déjà signalée dans le premier étage d'Autriche, semble indiquer un niveau plus récent dans l'Europe méridionale (base du 2º étage). En Algérie, cette forme est localisée dans le Cartennien et y existe à tous les niveaux. A Tarzout, près Ténès, je l'ai rencontrée avec *Pecten Besseri, prœscabriusculus* type, dans les couches les plus inférieures, tandis que dans l'Oued Djer, près de Bou-Medfa, elle se trouve à un niveau plus élevé à la partie supérieure des grès.

La faune des gastropodes et des lamellibranches est encore peu connue, mais présente de grandes affinités avec celle de Léognan.

L'Helvétien, caractérisé jusqu'en ces dernières années par l'*Ostrea crassissima,* est maintenant mieux connu, grâce à la belle découverte de M. le capitaine Flick. La faune des marnes de l'Oued Riou est, en effet, franchement helvétienne et n'est pas synchronique de celle des marnes

---

1. ALMERA et BOFILL, *Mém. Acad. Sciences de Barcelone,* 1896.

de Calaà, qui est tortonienne. Au point de vue de ses affinités, cette faune d'Inkermann (Oued Riou), n'est pas suffisamment développée, quant au nombre des espèces, pour pouvoir permettre des analogies précises. Cependant, un des fossiles les plus répandus est le *Pecten Depéreti*. Cette forme est voisine du *planosulcatus Math.* et semble son équivalent dans les couches helvétiennes d'Algérie. Elle y est associée à l'*Ostrea crassissima* et permet ainsi un rapprochement assez indiqué avec la molasse de Cucuron à *Pect. planosulcatus*. C'est donc avec le bassin du Rhône que l'Helvétien moyen d'Algérie (Helvétien sens. strict.) aurait quelques affinités. Et ce qui vient corroborer cette hypothèse, c'est la présence à la base des couches helvétiennes (Helvétien inférieur ; couches d'Hammam-R'hira) de l'*Ostrea crassissima*, indiquant ainsi un niveau inférieur qui rappelle le niveau de la base des sables du Dauphiné. En outre du *Pecten Depéreti*, les marnes de l'Oued Riou renferment une faune de gastropodes et de lamellibranches qui indique des affinités assez précises avec la faune des faluns de la Touraine. La *Cardita Jouanneti* est bien la forme helvétienne à côtes rondes et non la variété tortonienne à côtes planes, ainsi que M. Douvillé l'a déjà signalé. La présence d'autres formes telles que *Cardium Darwini*, *Tudicla rusticula*, *Pyrula condita*, *Arca turonica*, permettent cependant un rapprochement avec la faune des faluns de la Touraine.

Ainsi, par la présence simultanée du *Pecten Depéreti* et des types de Touraine, non seulement, la faune de l'Oued Riou se trouve nettement caractérisée, mais encore elle permet de vérifier l'hypothèse de MM. Fischer et Tournoüer [1] à savoir que la molasse de Cucuron est bien au même niveau que les faluns de la Touraine.

L'Helvétien supérieur ou **Tortonien**, nettement caractérisé par une faune d'échinides dont M. Pomel a fait une étude très complète, ne l'est pas moins par la faune de gastropodes et de lamellibranches des marnes sableuses de Calaà, Mendes, Mascara. Cette faune présente de grandes affinités avec celles de Cabrières-d'Aigues ; il est cependant à remarquer l'absence presque complète des Murex et des Nasses, absence tout à fait anormale, si l'on tient compte du peu d'éloignement du rivage. Les cones sont aussi peu abondants et représentés seulement par deux mauvais exemplaires que j'attribue, l'un au *Conus Aldrovandi* Broch., l'autre au *Conus Dujardini Desh.*

Les Pleurotomes sont bien représentés. La forme qui domine et qui paraît la plus abondante est le *Pleurotoma Jouanneti Desm.*

Comme à Cabrières, cette espèce est assez polymorphe, mais les

---

1. FISCHER et TOURNOUER, *An. foss. du Mont Leberod*, 1873.

variétés les plus communes sont précisément celles à tours moins excavés, absolument identiques à celles figurées (pl. XVII, fig. 6 et 7), par MM. Fischer et Tounoücr. Je considère cette espèce comme caractéristique, attendu qu'elle disparaît dans le Sahélien.

Les autres types les plus répandus sont *Pleurotoma ramosa* Bast, *Spiralis* Marc de Serres, etc., la variété à tubercules saillants du *Pleurotoma ramosa* de Cabrières n'est pas représentée en Algérie.

Les Cerithes sont très abondants et présentent deux types qui ne sont d'ailleurs que des variétés de la même espèce : le *Cerithium Bronni*, Partsch et le *Cerithium dertonense* Mayer. Cette dernière variété, que M. Mayer a élevé au rang d'espèce, domine alors que les formes à varices sont plus rares.

De cet ensemble d'espèces communes, il ressort des affinités indéniables entre la faune de Calaâ et celle de Cabrières. La présence des espèces caractéristiques de Cabrières se retrouvent, en effet, à Calaâ et à Mendès.

Dans ces gisements se trouvent, en outre, *Ancilla glandiformis* et en assez grande quantité. La variété globuleuse fortement empatée de Cabrières y existe, ainsi que la forme petite si répandue à Carnot.

Comme à Cabrières, c'est à ce niveau qu'apparaissent quelques formes qui caractériseront les couches plus récentes; telles sont : *Nassa semistriata* Broc., *Cardita intermedia* Broc., etc.

Le facies gréso-calcaire de cet horizon renferme une faune assez spéciale et assez curieuse.

Avec le *Pecten Depéreti* et l'*Ostrea crassissima* qui persistent, apparaissent quelques formes nouvelles telles que *Pecten præjacobeus*, *Pecten Bollenensis* var. Le *Pecten jacobeus* est, pour la première fois, signalé dans le Miocène. Quant au *Pecten Bollenensis*, MM. Almera et Bofill[1] viennent d'en signaler une variété *(Pecten præ-Bollenensis)* dans la Molasse d'Altafulla (premier étage méditerranéen). Les exemplaires de Mazouna sont de plus grande taille que ceux d'Espagne et ne diffèrent de ceux de la vallée du Rhône que par l'absence de la côte saillante.

Le **Sahélien** présente, par sa faune toute spéciale, des différences importantes avec celles du Tortonien. Les fossiles les plus caractéristiques de cet étage disparaissent. On ne retrouve plus, en effet :

> *Venus plicata* Gml (forme tortonienne).
> *Pleurotoma Jouanneti* Desm.
> *Murex dertonense* Mayer.
> *Pecten cf. subbenedictus* Font.
> *Pecten Depéreti* nov. sp.

4. ALMERA et BOFILL. *Ac. R. Sc. et Arts de Barcelone*, 1896.

Le *Cerithium dertonense* devient rare et c'est le *Bronni* qui abonde.

Mais ce qui caractérise surtout la faune sahélienne, ce sont les types pliocènes :

Phos polygonum Broc.	*Pecten jacobeus* Linné.
Nassa semistriata Broc.	*Pecten cristatus* Bronn.
Conus striatulus Broc.	*Dentalium Delphinense* Font.
Cardita Bollenensis Font.	*Dentalium sexangulum* Linné.
Arca diluvii Lmk.	*Dentalium elephantinum* Phil.
Pecten pusio Linné.	

que l'on trouve associés à quelques formes spéciales :

Cardita lœviplana Depéret.	*Chenopus thersites* Pom.
Pecten cf. grandis Sow.	*Pecten cf. Macphersoni* Bergeron.

et à de nombreux types tortoniens présentant déjà une évolution bien marquée vers les formes pliocènes correspondantes.

Ce caractère mixte se retrouve même dans la faune lacustre, qui présente, cependant, de grandes analogies avec la faune à *Planorbis Mantelli*, qui caractérise les couches qui surmontent le Tortonien, dans la province de Grenade.

La faune sahélienne, quoique ayant des affinités avec la faune tortonienne et avec celle du Plaisancien, n'en constitue pas moins une identité spéciale, intermédiaire entre les deux, mais, malgré cela, bien indépendante et bien caractérisée.

Le **Pliocène** du Dahra présente une faune moins riche que celle des couches des environs d'Alger. Malgré cela, la présence de l'*Ostrea lamellosa* et surtout des pectinidés : *Pecten scabrellus, opercularis*, qui ne se rencontrent jamais dans le Sahélien, alors que leur abondance caractérise les couches mollassiques de Mustapha (Alger), permet une analogie complète des faunes de ces deux régions. Comme comparaison avec l'Europe occidentale, c'est avec la faune des Pyrénées-Orientales que l'on peut faire quelques rapprochements. Le Laboratoire de Géologie de l'École des Sciences d'Alger possède une belle collection provenant de Millas, et j'ai pu constater, en y comparant les exemplaires du Dahra, qu'un grand nombre d'entre eux se rapportait exactement au type du Roussillon.

En somme, les faunes néogènes d'Algérie se rattachent aux faunes des localités classiques de l'Europe occidentale, mais présentent, surtout avec le Bassin du Rhône, des affinités remarquables. Il faut en excepter la faune sahélienne, dont le caractère mixte et bien spécial ne se retrouve dans aucune faune signalée jusqu'à ce jour.

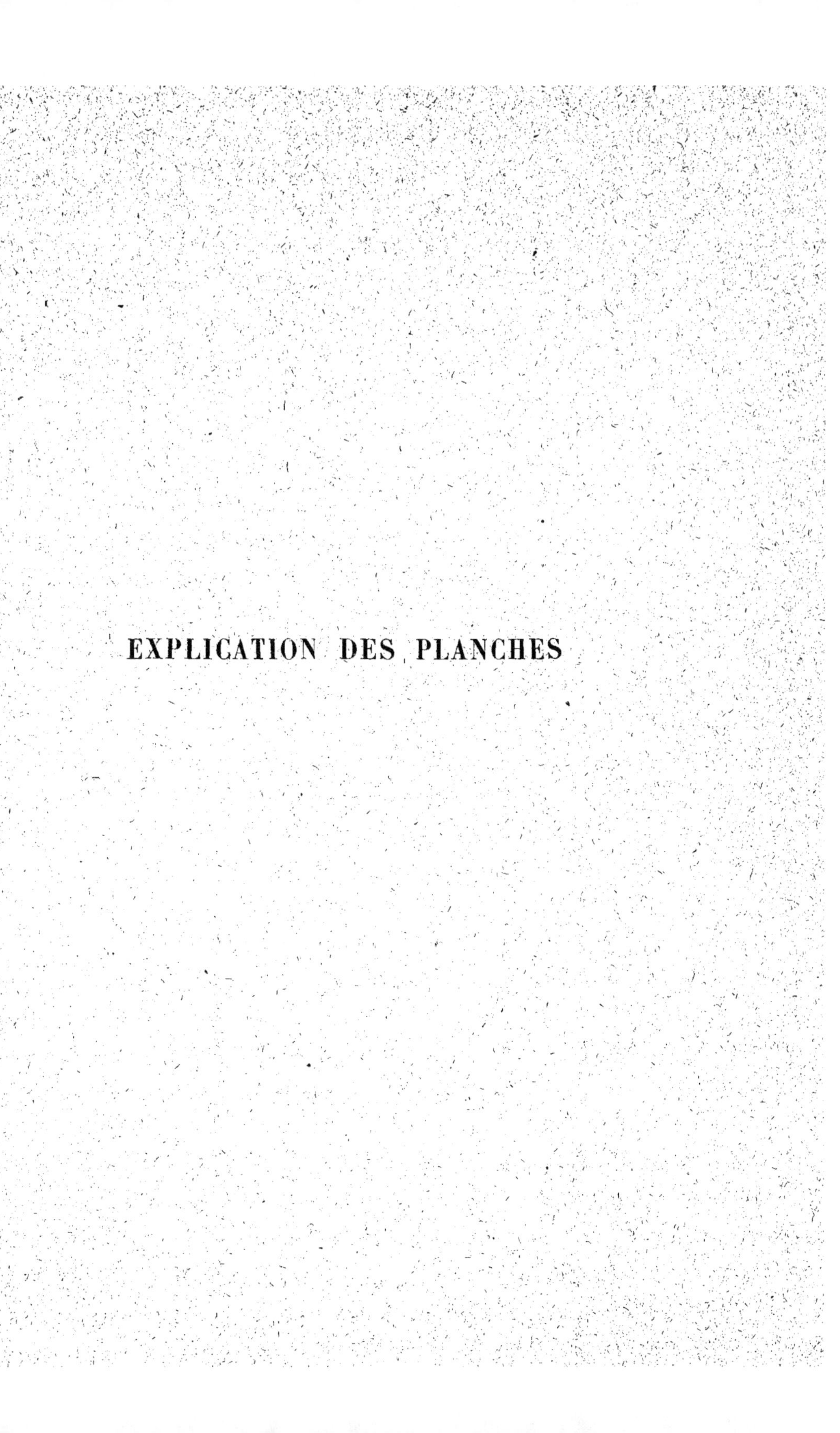

EXPLICATION DES PLANCHES

Pl. 1.

Figure 1. **Pecten Besseri** Andrz ; valve gauche convexe.

— 2. Le même valve droite plane ; Cartennien de Tarzout (Ouest de Ténès).

— 3 et 4. **Pecten Fuchsi** Font ; Cartennien des Beni-Haoua (Ténès).

— 5. **Pecten Burdigalensis** Lmk ; Cartennien de Mouzaïa-les-Mines.

— 6. **Pecten vindascinus** Font ; type de Carry. Cartennien du Camp-du-Maréchal (Kabylie).

— 7. **Pecten prœscabriusculus** Font ; Cartennien de Tarzout.

— 8. **Pecten lychnulus** Font ; Cartennien de Tarzout.

— 9. **Pecten Solarium** Lmk. ; jeune exemplaire du Cartennien des Beni-Haoua.

— 10. **Aturia Aturi** Bast ; Cartennien de Ténès.

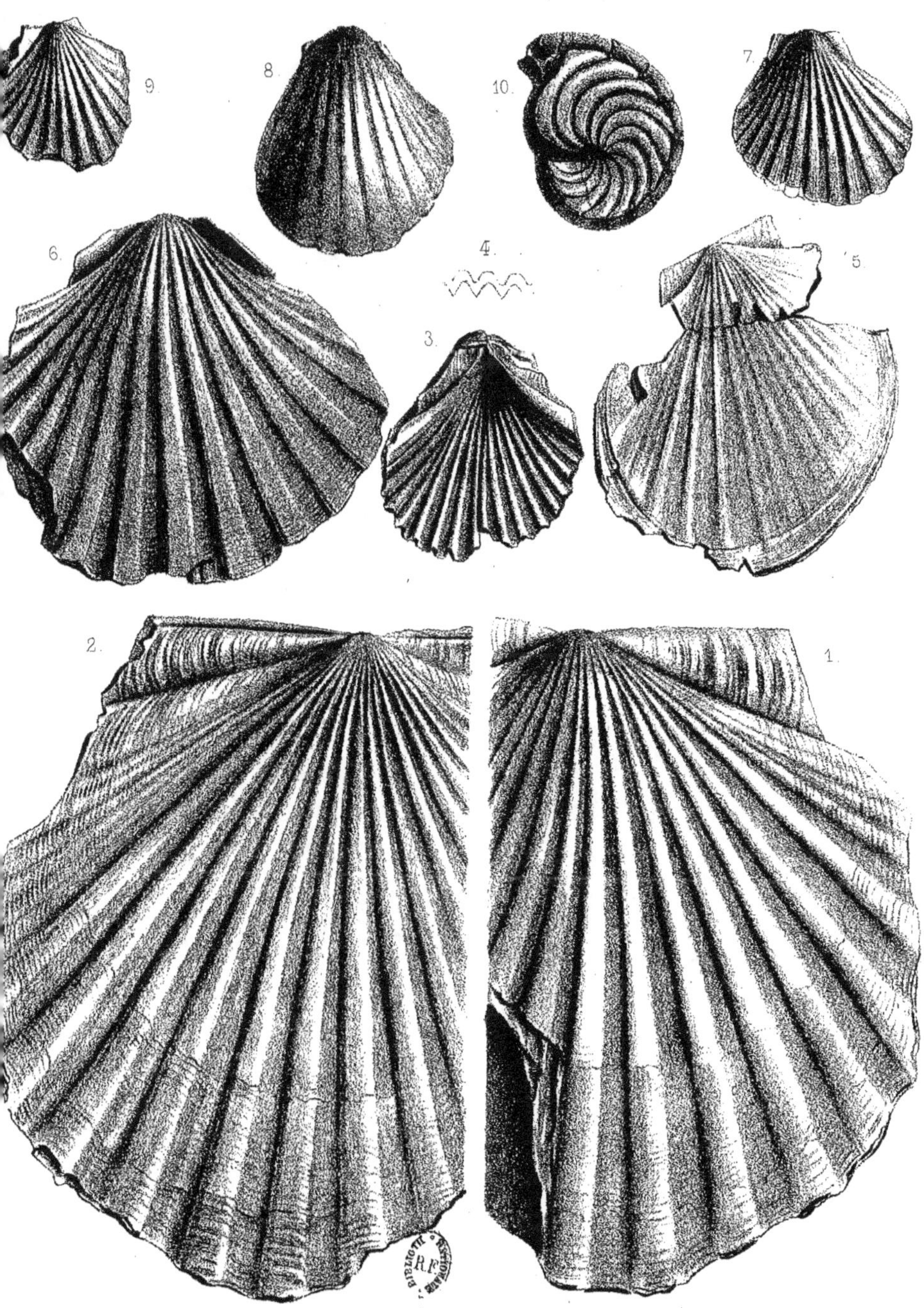

9
8
10
7
6
4
3
5
2
1

EXPLICATION DES PLANCHES

Pl. II.

Figure 1. **Pecten Numidus** Coq ; valve gauche.

— 2. **Pecten Numidus** Coq ; valve droite ; du Cartennien de l'Aurès.

— 3. **Pectenprœ scabriusculus** Font. var. **Kabylianus** nob. ; du Cartennien de Belle-Fontaine.

— 4. **Pecten Beudanti** Bast. ; du Cartennien du Camp-du-Maréchal.

— 5, 6, 7. **Pecten Pomeli** nob. ; du Cartennien de Boghar.

— 8. **Pecten** cf. **Macphersoni** Bergeron ; du Sahélien de Carnot.

— 9. **Pecten Subgrandis** nob. ; du Sahélien des Cinq-Palmiers.

— 10. **Pecten vindascinus** Font. ; du Sahélien de Carnot.

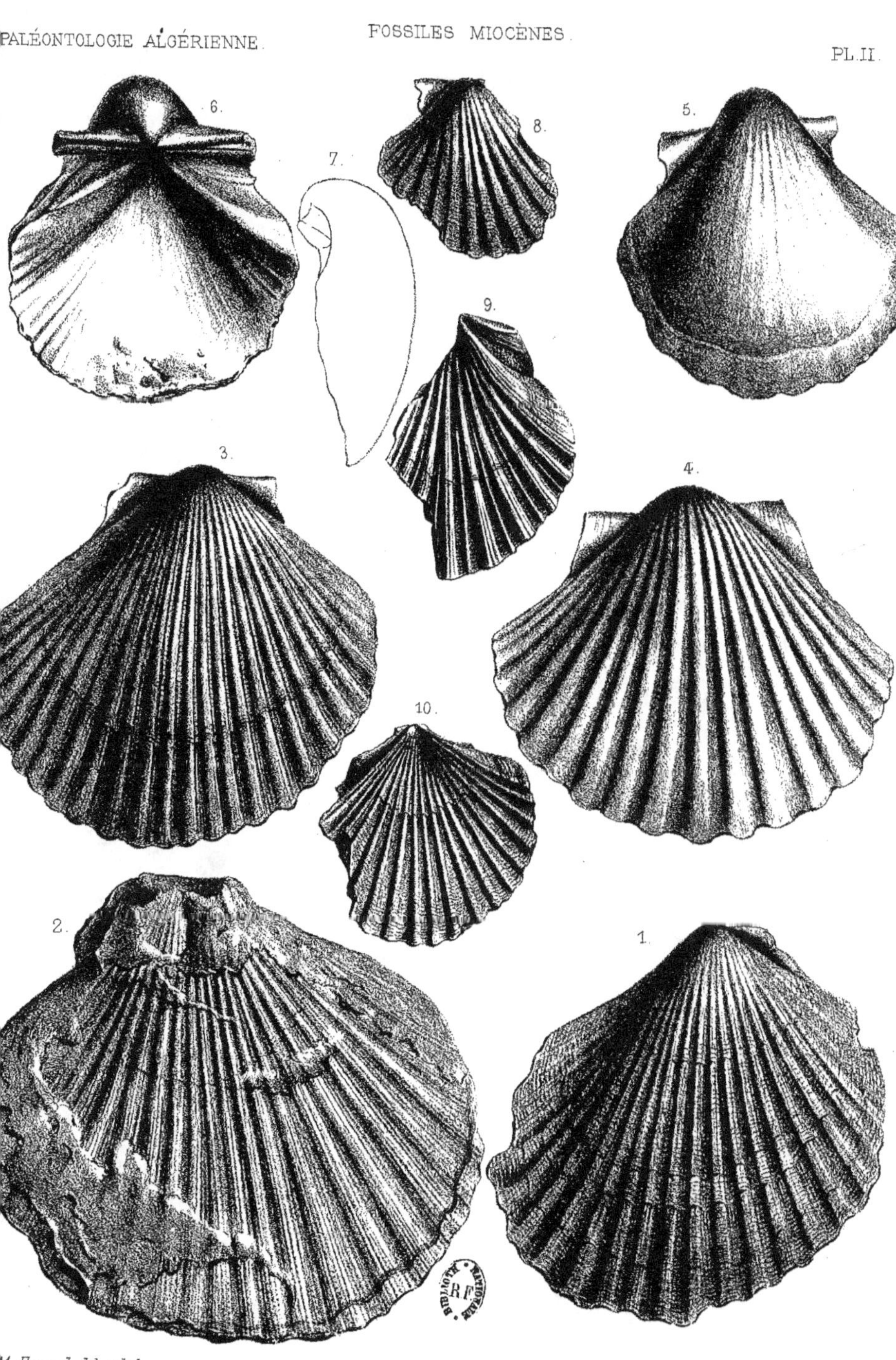

EXPLICATION DES PLANCHES

Pl. III.

Figure 1, 2, 3. **Pecten prœjacobeus** nob. ; des calcaires à Mélobesies de Mazouna.

— 4, 5, 6. **Pecten aduncus** Eichw. ; des calcaires à Mélobesies de Mazouna.

— 7 et 8. **Pecten cf. subbenedictus** Font. ; des calcaires à Mélobesies de Mazouna.

— 9. **Pecten flabelliformis** Defr. ; des grès pliocènes des Medjadja.

— 10. **Venus plicata** Gml. ; du Sahélien de Carnot.

— 11 et 12. **Strombina tetragonostoma** Font. ; du Sahélien de Carnot.

— 13. **Nassa semistriata** Broc. ; du Sahélien de Carnot.

— 14. **Ancilla glandiformis** Lmk. ; du Sahélien de Carnot.

— 15. **Rotella cf. subsuturalis** d'Orb. ; du Sahélien de Carnot.

— 16. **Solarium simplex** Bron. ; du Sahélien de Carnot.

Pl. IV.

Figure 1.   **Ostrea cartenniensis** nob ; du Cartennien de Ténès.

—   2 et 3.   **Pecten Pouyannei** nob. ; du Cartennien des Beni-bou-Mileuk.

—   4.   **Marginella cf. Deshayesii** Micht. ; du Sahélien de Carnot.

—   5 et 6.   **Planorbis solidus** ; calcaire lacustre de Renault.

—   7 et 8.   **Planorbis Mantelli** Dunk. ; calcaire lacustre de Renault.

—   9.   **Cerithium Bronni** Partsch. ; forme voisine du *Dertonense* Mayer.

—   10.   —   : forme de passage au *Dertonense*.

—   11.   —   ; variété à nodosités plus espacées.

—   12.   —   ; type,

du Sahélien de Carnot.

—   13.   **Phos polygonum** Broc., forme pliocène ; du Sahélien de Carnot.

—   14.   **Scalaria Renaulti** nob. ; de la zone micacée de Renault.

—   15 et 16.   **Ringicula Grateloupi** d'Orb. var. ; du Sahélien de Carnot.

—   17.   **Natica Josephinia** Risso ; du Sahélien de Carnot.

—   18 et 19.   **Chenopus thersites** Pom. ; du Sahélien des Beni-Rached.

—   20.   **Dentalium Delphinense** Font. ; du Sahélien de Carnot.

—   21.   **Dentalium sexangulum** Linné ; du Sahélien de Carnot.

—   22.   **Dentalium elephantinum** Phil. ; du Sahélien de Carnot.

—   23.   **Clavagella bacillaris** Desh. ; du Sahélien de Carnot.

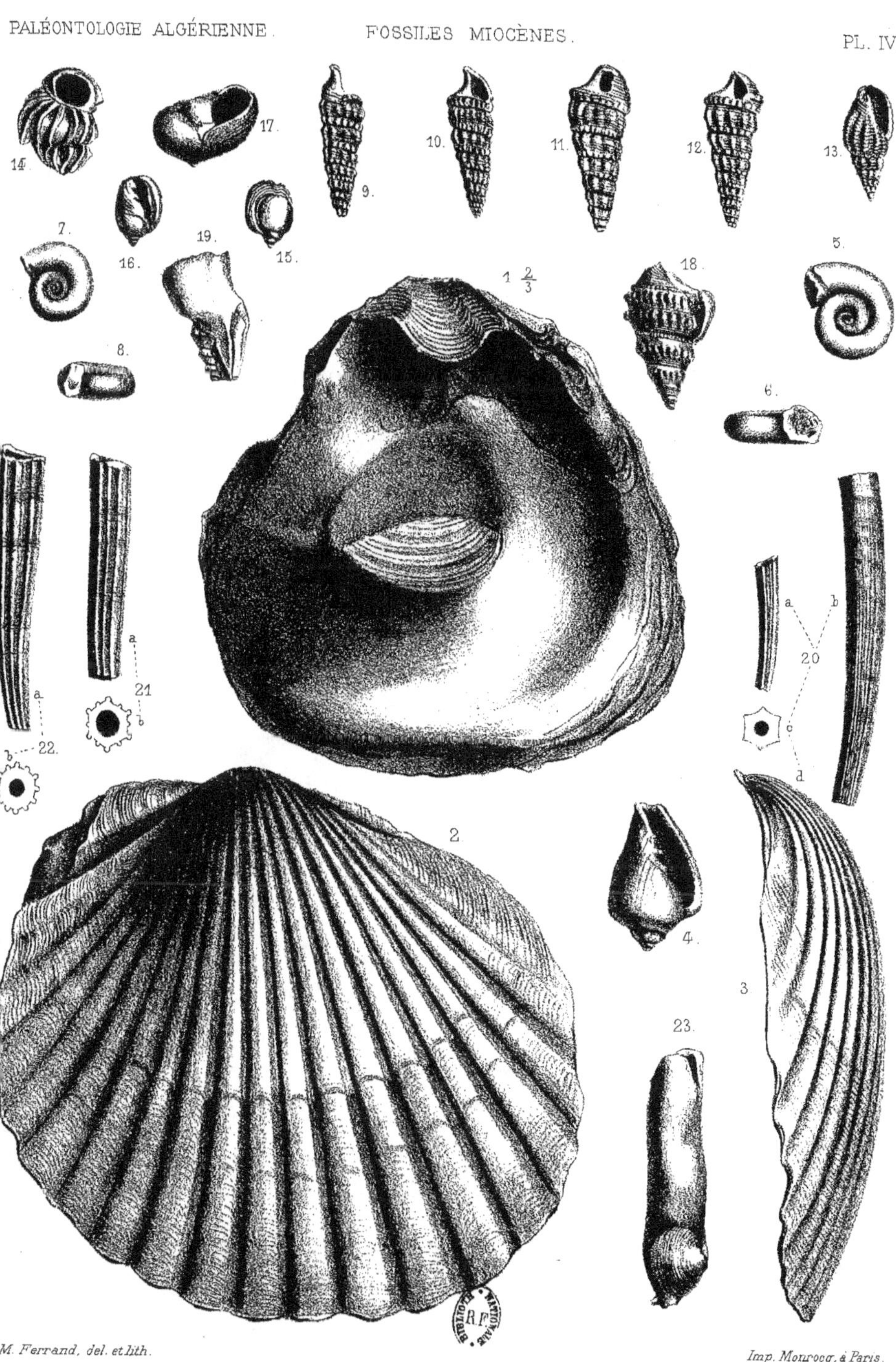

EXPLICATION DES PLANCHES

Pl. V.

Figure	1.	**Pereirœa Gervaisi** Vezian ; du Cartennien de l'Oued Djer.
—	2 et 3.	**Cardita lœviplana** Depéret ; valve droite.
—	4.	— — — gauche.
—	5.	— — exemplaire âgé.
—	6.	— — — jeune.
—	7.	**Cardita intermedia** Broc. ; du Sahélien de Carnot.
—	8.	**Cardita Bollenensis** Font. —
—	9.	**Conus Mercati** Broc. —
—	10.	**Conus Puschi** Micht. —
—	11.	**Fusus cf. longiroster** Broc. —
—	12 et 14.	**Turritella turris** Bast. var *Angulosa* —
—	13.	— type. —
—	15.	**Turritella Archimedis** Eichw. —
—	16.	**Turritella communis** Risso. —
—	17.	**Turritella aspera** Sism. var *Distanticincta* Sacc. ; du Sahélien de Carnot.
—	18.	**Turritella vermicularis** Broc. ; du Sahélien de Rabelais.
—	19.	**Turritella subangulata** Broc. var *Spirata* Broc. ; du Sahélien de Tadjena.
—	20.	**Proto rotifera** Lmk. ; du Sahélien Carnot.

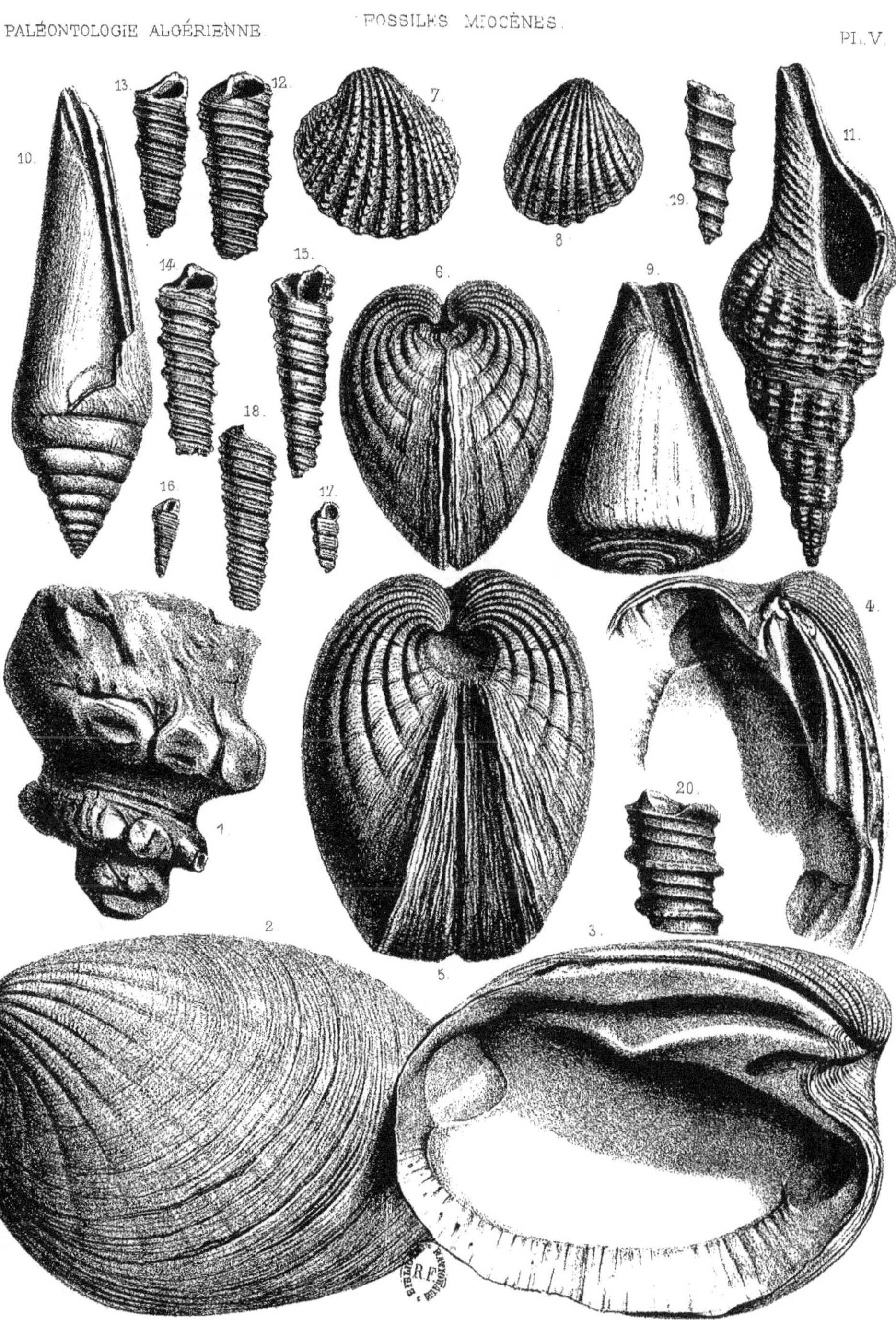